原來地球這麼美

給孩子的自然科學課

新雅文化事業有限公司
www.sunya.com.hk

潔絲・弗倫奇　著

艾莉莎・南德拉　繪

新雅・知識館

原來地球這麼美──給孩子的自然科學課

作者：潔絲・弗倫奇 (Jess French)
繪圖：艾莉莎・南德拉 (Aleesha Nandhra)
翻譯：羅睿琪
責任編輯：趙慧雅
美術設計：劉麗萍
出版：新雅文化事業有限公司
香港英皇道499號北角工業大廈18樓
電話：(852) 2138 7998
傳真：(852) 2597 4003
網址：http://www.sunya.com.hk
電郵：marketing@sunya.com.hk
發行：香港聯合書刊物流有限公司
香港荃灣德士古道220-248號荃灣工業中心16樓
電話：(852) 2150 2100
傳真：(852) 2407 3062
電郵：info@suplogistics.com.hk
版次：二〇二二年六月初版
版權所有・不准翻印

ISBN: 978-962-08-8007-0

混合產品
紙張
支持負責任的林業
FSC® C018179

這本書是用Forest Stewardship Council®（森林管理委員會）認證的
紙張製作的──這是 DK 對可持續未來的承諾的一小步。
更多資訊：www.dk.com/our-green-pledge

目錄

前言

從欣賞大自然的珍貴事物之中，細味地球之美！

　　我們的地球非常龐大，不是嗎？你曾否望向遼闊的大海或是雄偉的高山後，反思自己在世界上有着什麼位置？我便有過這種經驗。當我們身處那種地方時，很容易覺得自己既渺小又微不足道，特別是地球如此巨大。不過即使你只是一個人，你也有力量作出令人難以置信的改變。這些改變將會令生活在這個奇妙星球上的動物、植物和人類未來逆轉。地球比任何時候都更需要跟你一樣的人——一些會作出正確選擇，協助地球復原的人。

　　我們人類並沒有一直善待我們的家園。作為地球上的物種之一，我們犯下了許多錯誤，而許多動物和植物也因此受害。不過世界上仍是奇跡處處。它仍舊充滿了不可思議的棲息地、令人着迷的動物和非比尋常的植物。我們的世界稀奇古怪、令人驚歎，有時也極為噁心。不過最重要的是，我們要停止造成傷害，讓這完美的地球能好好照顧自己。這不是過分的要求，對嗎？

　　現在就和我一起出發，遊遍這奇妙的世界。讓我們從欣賞這片家園之中，學習如何去保護它！

Jess French

潔絲・弗倫奇
英國電視節目CBeebies主持人、
作家和獸醫

我們在哪裏？

我們的地球只是整個宇宙裏的一個微小行星，就好像一幅巨形拼圖中的一小片。對人類和其他動物來說，地球是非常特別的地方，因為它是我們所知的，唯一能讓生命存在的行星。

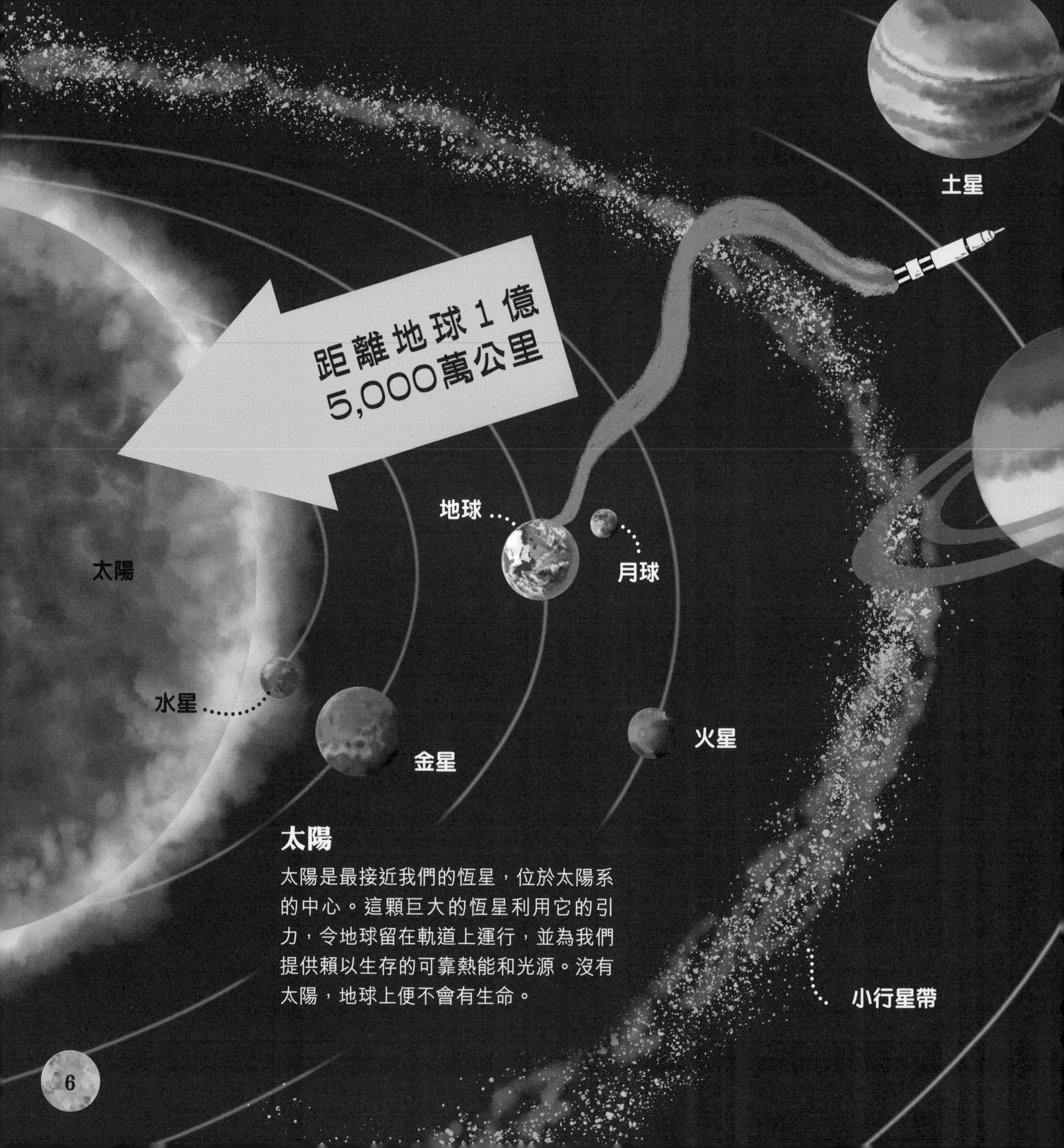

土星

距離地球1億5,000萬公里

地球

月球

太陽

水星

金星

火星

小行星帶

太陽

太陽是最接近我們的恆星，位於太陽系的中心。這顆巨大的恆星利用它的引力，令地球留在軌道上運行，並為我們提供賴以生存的可靠熱能和光源。沒有太陽，地球上便不會有生命。

彗星

天王星

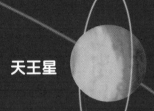

海王星

救救地球

從生命在地球上出現以來，地球在這數十億年間出現了許多變化。不過地球在這太空裏的模樣，基本上是沒有多大的改變。即使距離現今過了很多年，地球看起來仍然像一顆小藍點。不過從現在開始，它將會因為我們的決定而有大幅改變，因此我們必須要作出正確的選擇。

木星

太陽和所有圍繞着它運行的星體被統稱為太陽系。太陽系位於一個螺旋形的星系中，這個星系名叫銀河系。

月球

地球

水、氧氣和和暖的氣溫對地球上的生命十分重要，是不可或缺的存在。地球被一層名叫「大氣層」的氣體包裹着，它讓我們保持溫暖，並供應我們呼吸所需的氧氣。而地球表面超過70%都被水覆蓋，給生物供應大量的水。

月球

月球圍繞着地球運轉。它的存在對地球上的生物而言，並不及太陽那麼重要，但它亦影響重大。月球的引力控制着地球的潮汐，有些動物甚至會依靠月球來辨別方向。

地球　⋯⋯　**大氣層**

大氣層

我們的地球被一層稱為大氣層的氣體包圍着，就像許多其他行星一樣。當大氣層裏有適當分量的氣體，行星便能保持剛好的溫度，支持生命的存在。我們的大氣層可分成5個主要的分層。

700至10,000公里
（440至6,200米）

80至700公里
（50至440米）

50至80公里
（31至50米）

12至50公里
（7.5至31米）

0至12公里
（0至7.5米）

流星

臭氧層

臭氧層是地球的防曬劑——它保護我們的星球免受太陽最具破壞力的光線傷害。

太陽的部分熱力會從地球表面反彈，並穿過大氣層離開，而部分熱力則被困在大氣層裏。

大氣層的密度越高，被困住的熱力就越多。

溫室效應

當大氣層裏有過量的氣體時，它的密度會變得更高，並保存更多熱力，因此地球會變得更熱。這現象稱為溫室效應。

飛機

熱氣球

人造衛星

外氣層

太空船

增溫層 / 熱成層

色彩鮮豔的北極光和南
極光大多數在這個分層
出現。

極光

中間層

平流層

臭氧層位於這個分層。在平流層中越高
的地方溫度會隨之增加。這跟對流層不
同，在對流層中越高的地方就會越冷。

**氣象觀
測氣球**

對流層

我們生活在這個分層。

氣候變化

人類的行為已損害了地球的天然
溫室。在過去100年間，人類燃燒
化石燃料，砍伐樹林，還以驚人
的規模製造出大量垃圾。這些活
動全都會釋放出溫室氣體，導致
地球變暖。要防止溫度進一步上
升，我們必須改變我們的生活方
式。

全球暖化正令地球珍貴的極冰融化。
這會導致全球進一步暖化，海平面上
升，以及讓極端的天氣頻生。

減少溫室氣體

有許多我們所有人都能做到的簡單
改變，能夠減少我們產生的溫室氣
體。試試用步行代替乘車出門、使
用會在你離開房間時自動關閉和能
節省能源的電燈，還有用較短的時
間淋浴吧！

風能和太陽能都可再生能源，
它們對地球更有好處。

珍貴的水

　　水是極度珍貴的，因為所有動物都有賴於水才能生存。沒有水，地球上根本不可能存在生命。地球上的水量永遠不會改變——相反水會不斷循環，從一個地方轉移到另一個地方，這是由來自太陽的能量所推動的。

1 水分從雲上掉下來，變成水或雪。

水循環

水是不斷到處轉移的。水環繞地球的旅程稱為水循環，有4個主要的階段。地球大部分的水都以液體的模樣留在海洋裏。不過水也能夠改變形態，在非常寒冷的時候變成固體（冰），或是在炎熱的時候變成氣體（水蒸氣）。

2 水在陸地上積聚，並找尋路徑，沿着河流和湖泊返回大海。

如何節約用水？

刷牙時關上水龍頭來減少用水。

儲下洗澡水來澆花和沖廁。

以較短時間的淋浴取代浸浴，那會用上較少的水。

用儲水桶來收集雨水，為花園的植物澆水。

水與人類

不是所有人都能取得乾淨的水，或是擁有私人的廁所。全球各地有超過20億人在別無選擇下只能飲用受污染的水。在部分地區，人們需要走上許多小時才能獲得乾淨的水。受污染的水可引致疾病，例如霍亂、傷寒和痢疾，這些疾病都可能致命。所以現在我們十分幸福，擁有乾淨的水源。

4 隨着水蒸氣上升，它會冷卻並凝結形成雲。

3 水被太陽加熱，變成水蒸氣並徐徐上升（蒸發）。

地球上的水只有少於1%能夠飲用。

用煮過蔬菜和意大利麵的水為室內的盆栽澆水。

使用洗碗機和洗衣機時選擇較短時間和冷水清洗的程序。

盡快修理好滴水的水龍頭，以免浪費食水。

水污染

水可能在許多方面受到污染：

輸油管泄漏。

丟棄在陸地上的垃圾流入海中。

工廠非法傾倒廢料和化學品。

將不恰當的物品丟進廁所裏沖走。

農田裏的肥料流入水源。

11

大自然的平衡

由於人類生活在地球上，我們也是屬於地球的自然生態系統之一。我們的地球非常擅長自我調節，而當人類不加以干涉時，地球上的各種生命會以完美的平衡和諧共存。可惜的是，人類的活動確實擾亂了這些自然系統，如果我們不盡快改變，我們可能令大自然徹底失去平衡。

燃燒的化石燃料會向大氣層釋出大量二氧化碳及其他有害氣體。

海洋

海洋會吸收二氧化碳。它們也會吸收熱力，並將熱力傳播到世界各地。

自然平衡的運作

下次當你身處樹林之中時，抬頭看看樹冠吧。你會發現樹木不會觸碰到彼此——樹木只會在空間許可下生長。這現象稱為樹冠羞避。為了讓地球保持平衡，所有生物都必須使用合理份額的資源，而不是侵佔身邊事物的空間。

大氣層

當大氣層正常運作時，它會保護我們免受陽光傷害，並讓我們保持溫暖。

地球生態超載日

每一年，我們都能計算出在哪一天，人類使用的資源會超出那一年地球所再生的資源，那代表我們已經耗盡每年的自然資源供應。這一天被稱為**地球生態超載日**。2021年的地球生態超載日出現在7月29日。

樹木

樹木有如地球的肺部。它們會吸收具破壞性的二氧化碳，並釋出生命所需的氧氣。可惜的是，我們的森林正以非常快的速度被人砍伐，取而代之的往往是會產生溫室氣體的農場。

干擾平衡的物種

放生不是來自本土的動物（入侵物種），例如灰松鼠和海蟾蜍等可能會擾亂生態系統，傷害原生物種。

塑膠污染

我們的地球非常擅長清除所有由自然界和動物產生的天然廢物，不過它沒有能力消除塑膠。如果我們不盡快改變我們的生活方式，海洋裏的塑膠將會比魚更多！

植物

植物肩負着維持氣候的穩定、固定地下層，還有過濾我們呼吸的空氣的重責。花點時間多接觸綠化的環境，能讓我們感到更愉快、更健康，因為植物已獲證實可以改善我們的情緒。

氧氣

二氧化碳

這種樹能在極度炎熱的環境中存活，藉由利用長長的葉子來收集空氣中的水分。

光合作用

植物會利用來自太陽的能量，將水和二氧化碳轉化成葡萄糖和氧氣。這個過程稱為光合作用。藉由將大氣層裏的二氧化碳清除，並將碳儲存在葉子和莖幹裏，植物能幫助對抗氣候變化。

蜂蘭

蘭花螳螂

松樹

開花植物

開花植物

全球大約有370,000種不同的開花植物，每種都有自己獨一無二的花朵。部分昆蟲經過演化，外貌變得和花朵相似，例如蘭花螳螂使用牠的偽裝來避免被它的獵物發現。

非開花植物

這些最原始的植物不會開花。許多非開花植物時至今天仍存活着，包括苔蘚、蕨類及針葉樹。部分非開花植物會藉由產生種子來繁殖，其他的則會釋出孢子，孢子會長成新的植物。

遮風擋雨

樹木能減少甚至防止洪水氾濫，因為它們的葉子、枝條和莖幹能減慢暴雨流向地面的速度。

動物的家

許多動物，例如這隻紅毛猩猩，會在大樹、灌木和其他植物之間建立家園。

落葉

植物的葉子掉落到地上後，它們會漸漸分解。這能滋養土地，幫助新的植物生長。

根部

植物的根部能夠將土壤固定，令土壤穩定。沒有了這些根部，泥土會較容易被侵蝕掉，也更可能發生山泥傾瀉。

只吃植物的動物稱為草食動物。有些動物，例如熊貓和樹熊只會進食單一品種的植物來獲得所有能量。

肉食植物

在土壤貧瘠的地區，植物要獲得所需的養分可能相當艱難。肉食植物，例如豬籠草、捕蠅草和茅膏菜等會透過進食動物來補充營養。

存在憂患

現時每5種植物便有大約2種面臨絕種的危機，這源於以下部分原因：

人們砍伐樹木來牧養牲畜，興建人類的居所，還有種植農作物。

地面被混凝土覆蓋，令新的植物難以生長。

救救地球

我們可以透過一些「惜食」機構來購買食物，來一起保育植物。

選購可持續種植並在本地收成的水果和蔬菜。

你甚至可以嘗試自行種植水果和蔬菜。

草原

地球上有很多地方都能找到草。它們的適應能力非常高，能夠輕易地在新的地區繁殖，固定並保護土壤。草原的種類包括鹽鹼灘（又稱鹽沼）、牧草地、稀樹草原和竹林等。

厲害的草原

在沒有足夠的雨水讓植物生長的地區，土地常常會被草覆蓋。這些地方支撐着靠啃食綠草來存活的物種，還有悄悄迫近草食動物的捕獵者。稀樹草原是在乾燥又温暖的地區出現的草原。有些非洲稀樹草原裏有許多野生動物，例如獅子、大象和斑馬。

⚠ 存在憂患

我們的草原正面臨威脅。這主要是由於人類將草原變成農業用地，還有在草原上牧養了太多動物。

許多蝴蝶依靠花朵獲得食物。不過許多原本有花朵生長的草原都變成農業土地，令蝴蝶難以覓食。

如果在狹小的範圍內飼養過多動物，牠們會在新的植物長出來之前便把草吃掉了，草量供應不足，最終會導致水土流失，可能導致沙漠形成。

竹林

儘管竹子有粗壯的莖幹，長得又高又大，看起來像棵大樹，但竹子其實是一種草！它是地球上生長速度最快的植物，部分品種單單一天裏便能生長接近1米。竹子生長在陽光無法抵達地面的密林中，因此它要盡快生長以接觸陽光。

草是非常有用的。在日常生活裏人類在許多方面都運用草。

人類會用草來做什麼？

我們會種植穀類農作物，作為人類的糧食和餵養牲畜之用。這些農作物包括小麥、稻米和燕麥。

我們會用竹子和茅草(乾草)建造部分房子和屋頂。

救救地球

人類只要改變一些習慣，便能幫助綠草生長。

停止頻繁修剪草地，相反應該讓草和野花生長，為飢餓的小動物提供花蜜。

我們可以採用對地球傷害較少的方式來飼養動物。如果你要購買肉類，請確保肉類是以可持續的方式生產的。

進食較少肉類。這意味着我們可以減少在草原上牧養動物，讓草有機會重生復原。

藻類

從微小的單細胞生物，到龐大成串的海帶，藻類的形狀與大小各有不同，遍布全球各地。它們最常見於湖泊、河流和海洋，但也可能在樹木、雪、溫泉，甚至熔岩之中被發現。

藻類真神奇

就像植物一樣，藻類能將有害的二氧化碳轉化成氧氣。藻類也在食物循環中扮演着不可或缺的角色：它們會把從分解物釋放出來的養分消耗掉，並在許多水域生態系統中組成食物鏈的底層。

海藻林為許多動物提供棲身之所，例如海獺、海膽、八爪魚(章魚)、小魚和海馬等。

共生關係

藻類常常和其他生物結成合作關係

藻類和真菌能夠一起生活，形成地衣。這種合作關係能令兩個物種都獲益，被稱為共生關係。

藻類為建立礁石的珊瑚提供能源和氧氣，換取養分和藏身之所。

在硬珊瑚裏面生活的藻類令珊瑚擁有美麗的顏色，從粉紅到紫，到黃或藍。

河馬會吃掉大量的草。這代表牠們的糞便充滿了養分，令這些糞便成為藻類的完美食物。

大浮藻
這種海藻能
生長至超過
30米長。

藻華

藻類對地球很重要，不過在錯誤的地方出現太多藻類的話可能會造成嚴重破壞。藻華會產生毒素，降低水中的氧氣水平，並殺死在附近生活的植物和動物。藻華通常是由於農地沖洗肥料，而肥料流入水中而引致。

當太多養分進入水中，導致藻類失控生長時，藻華便會發生。

這種喜愛寒冷的雪藻在溫度太冷時會被埋掉，不受外間影響，但隨着冰雪融化，雪藻便馬上恢復生機。雪藻的藻華帶有粉紅色調，所以被稱為「西瓜雪」。

如何幫忙

要防止藻華出現並沒有一個簡單的方法，不過我們能夠做的事情也很多。

野生魚類

不用肥料

養魚場會產生出大量糞便，這些糞便可能導致藻華發生。試試進食以可持續方式捕獲的海產代替吧！

農夫能夠減少他們使用的肥料分量，並以其他方式來改善土地的質素。

苔蘚

苔蘚是其中一種最早適應陸地生活的植物，它在地球上出現了大約4億5,000萬年。儘管苔蘚是非常原始的植物，沒有花朵或種子，但它們卻有用得令人難以置信：它們能固定土壤、收集水分、吸收碳，還能為各種各樣的生物提供棲息地。

泥炭蘚（水蘚）

假根

苔蘚吸水能力非常高——水蘚能吸收比自己的重量多20倍的水。它們能減慢雨水流動，有助防止洪水氾濫。

與其他大部分植物不同，苔蘚沒有根部。相反，它們是由有許多分枝來固定，稱為假根。

苔蘚往往是在被火燒毀的土地上，最先生長出來的植物之一。它們有助減少火災過後突然暴發的洪水，並將土壤固定在一起，避免水土流失。

碳海綿

就像一塊海綿一樣，苔蘚會吸收二氧化碳，釋出氧氣。而且它們佔的空間不像樹木那麼多，所以是很好的「碳海綿」。用苔蘚覆蓋牆壁可能是個吸收城市裏的二氧化碳的好方法。

鳥類、松鼠和其他齧齒動物都會利用舒適的苔蘚來鋪墊自己的巢穴。

苔蘚大多在潮濕的環境中生長，不過它們也能在許多其他棲息地中生存，從冰封的雪山，到熱得發燙的沙漠中也能找到苔蘚。

二氧化碳

苔蘚會吸收二氧化碳並釋出氧氣。

氧氣

世界上有超過10,000種不同類的苔蘚。

人類運用苔蘚已經有許多個世紀的歷史，不論是用來填塞枕頭、作為房屋的隔熱物料，或是用來滅火和敷治傷口。

真菌

　　從生長在森林裏的毒蕈，到在過期麵包上長出來的霉菌，真菌的形狀和大小各有不同。它們不是動物，也不是植物，也遠比我們看見的種子實體大得多，通常它會在地面下向四方八面伸展。

有時真菌會與一種稱為藍菌的生物，或是一種藻類合作，形成「地衣」。這種合成生物幾乎能夠在任何東西的表面上生長。

科學家相信，只有**5%**的真菌已被發現。對於這種非同尋常的生物我們還有許多需要研究的地方。

科學家估計，全球大約
有200萬至400萬種不
同的真菌，但要確認這
個數字相當困難。

俄勒岡蜜環菌

在美國俄勒岡州的馬盧爾國家森林，科學家發現了一
種巨型真菌，稱為俄勒岡蜜環菌。它的地下纖維網絡
延伸了許多公里，而每一個朵菇菌都能存活數千年。

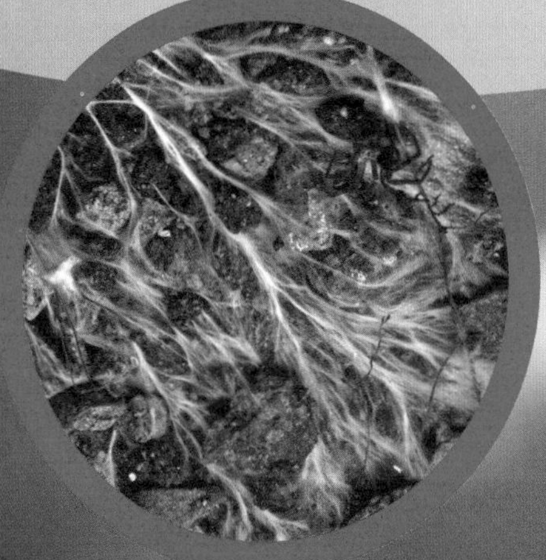

大約95%在土壤中生長的植
物，它的根部附近都有一種
名叫菌根的真菌生長，有助
植物從土壤裏吸收更多養分
和水分。

昆蟲可說是世上的第一
批農夫。就像人類種植農作
物作為糧食一樣，螞蟻、白
蟻和粉蠹蟲會照料及收割真
菌來填飽自己的肚子和餵
養寶寶。

為了吸引蒼蠅和其他昆蟲協
助它們繁殖，樣子古怪的鬼
筆菌會模仿出腐爛屍體的臭
味。

粉蠹蟲

白蟻

切葉蟻

蠹：粵音「到」

土壤

　　土壤也許看起來微不足道，但它對陸地上的生物至關重要。良好的土壤常常是棕色、柔軟和易碎的，但土壤也可能是沙質的(在沙漠裏的土壤)或是泥濘狀的(在沼澤中的土壤)。大部分植物都需要土壤來生長及存活，而在所有生物中有四分之一都生活在土壤裏。

根部

根部會往下伸延進土壤裏，以令植物固定位置。它們也會從土壤中吸收水分和養分。

腐植質

當死去的植物碎片分解時，它們會在土壤頂部形成一層肥沃、深色的物質，稱為腐植質。腐植質含豐富的水分和養分。

土壤對地面上的生物來說是不可或缺的，

土壤裏含有數十億微小的生物，包括細菌和真菌。

真菌的好友

有時植物的根部會和真菌的網絡攜手合作，形成稱為菌根的混合體。真菌會從土壤為根部提供額外的水分和養分，換取糖分。

存在憂患

沒有植物的根部幫忙固定土壤，土壤便可能被風吹走或被水沖走。

山泥傾瀉可能在土壤不穩固的地方發生。

缺乏土壤可能導致泥沙填滿河流。

如果沒有土壤保留水分，便可能發生旱災或水災。

救救地球

我們有一些簡單的方法來幫助土壤變得更好。

落葉能夠令土壤變得肥沃，因此當試在由落葉留在莢落的地方吧！

在已經移除植物的地方上種植新的植物，讓土壤固定，並使生物的棲息地能重新建立起來。

挖穴動物

蚯蚓和馬陸等小動物會在土壤之中挖掘。這會形成許多通道，讓空氣和水分能夠抵達較低層的土壤。

它同樣是數十億計生物的棲身之所。

蠕蟲的糞便

蠕蟲的糞便稱為蠕蟲糞，裏面充滿了優質的營養素，有助植物生長。

甲蟲寶寶

許多甲蟲都會以幼蟲的姿態在地底下生活許多年，之後才破土而出，成為甲蟲。

授粉

在所有的開花植物中，有80%會由動物傳播花粉，不論那是昆蟲、鳥類、爬蟲類動物或哺乳類動物。我們常常在白天看見昆蟲探訪花朵，不過許多授粉者反而會在晚上努力工作。

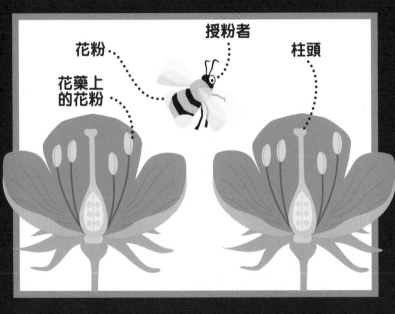

花粉

花藥上的花粉

授粉者

柱頭

什麼是授粉

為了令植物產生出種子，花粉必須從一朵花的雄性部位(花藥)轉移到另一朵花的雌性部位(柱頭)。有時候花粉可以由風帶走，不過大部分開花植物的花粉都是由動物傳送的。

印度木蜂

大部分蜂類都會在白天飛行，不過少數特殊品種也會開夜班呢，例如這種印度木蜂。

只有極長的吻能夠取得藏在馬達加斯加蘭花裏面的花蜜。

牠的吻能夠伸展至23厘米長。

馬島長喙天蛾

這種蛾擁有一個極長、像管子一樣的口器，稱為吻。這讓牠能夠取得藏在管狀花朵深處的花蜜，而其他昆蟲便做不到。

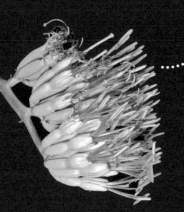

龍舌蘭

墨西哥長舌蝠

許多龍舌蘭的品種都依靠墨西哥長舌蝠來授粉和傳播種子。不過在某些地方，龍舌蘭在開花和開始授粉之前，便已經被收割了。

果子貍

當果子貍拼命要擠進油麻藤的花朵中時，牠們會觸發花粉爆開。之後牠們便會將花粉帶到牠們到訪的另一朵花去。

甜蜜的香氣

在白天綻放的花朵常常會用鮮豔的色彩來吸引授粉者，不過晚間開放的花朵沒有陽光來展示自己的花瓣，它們需要改為利用強烈的香味來吸引授粉者。

月光花

在晚上盛放的月光花會隨着太陽西沉而慢慢展開花瓣。它們會散發出一種甜香，吸引飛蛾、蝙蝠等授粉者。

我們能做什麼？

我們有一些方法能夠幫助夜行的授粉者完成任務。

收割農作物前容許植物的花朵完全開放。

種植一些晚間發出清香的植物，例如忍冬花和茉莉花等。

記得關燈以減少晚間的光污染。

27

傳播種子

種子含有新的植物發芽所需要的一切。不過，如果種子直接掉落在它們的母株下方，它們便不會有空間生長和繁殖。每棵植物都必須找方法來將種子送走，以找尋新的家園。這個過程稱為種子傳播。

乘風遠行
即使只是一陣微風，都足以將蒲公英的有翅種子吹起，並將它們帶走。

漂浮的種子

有些種子會浮在水上，能夠隨河流往下游漂走。椰子在抵達遙遠的海岸發芽前，會跨越大海漂流數千公里。

美味的果實

當動物埋頭享用果實時，牠們常常會把種子也吞下。這些種子便會在動物體內，直至被動物的屁股排出體外——裹在一團肥沃的肥料裏。

等等！這是糞便還是種子？

假冒糞便

一種學名為銀木果燈草的草本植物，它的種子外貌和氣味都和一種名叫白紋牛羚的羚羊排出的糞便很相似。糞金龜會誤以為這些種子是一團團的糞便球，因此會將它們推走並埋在泥土裏。

激烈爆發

當響盒子的種子發育成熟後，它們會爆開，發出響亮的砰的一聲，並以時速240公里將種子彈出來。

毛皮旅行

有些種子長有細小的勾，好讓它們能夠攀附在路過動物的毛皮上。它們會被帶到新的地方，發芽生長。

食物誘餌

有些種子含有一些令動物想吃掉的美味部分。當工蟻遇上這些種子時，牠們會將種子帶回巢穴。在這裏，能吃的會被吃掉，而種子則被丟到垃圾房——這是新的植物開展生命的完美場所。

存在憂患

儘管植物擁有這些巧妙的生存策略，但人類卻阻礙了新的植物生長。

將地面用水泥和瀝青覆蓋，會阻礙種子抵達土壤裏。

在野外存活的動物減少，意味着能運送種子的動物減少。

救救地球

你能做出一些好選擇，幫助種子完成任務。

不要對植物噴灑除草劑，因為它會防止植物生長。

試試避免把四周的綠色空間覆蓋。

生物多樣性

這個世界充滿了不可思議的植物和動物。
每一種動植物都非常重要，因為它們都擔當着
維持地球上各種生命的角色。

荒野消失的世界

有時候我們會忘記所有植物和動物都
很重要，而我們的行動方式會令它們
受到傷害。很久以前，整個世界都是
未經開發的荒野。如今人類幾乎已經
探索並開發這個星球的每個角落，只
餘下極少土地。

如果我們為地球
上所有的哺乳類
動物秤重……

……4%
是野生動物

……36%
是人類

如果你將世界上所有的昆蟲、蜘蛛
和甲殼動物放在一起，牠們的重量
便相等於世界上所有人類重量的
17倍。

蠶蛾幼蟲

孔雀蜘蛛

吸血鬼蟹

畢卡索盾蝽

鳥類

世界上的鳥類中，少於三分之一
是野生的。大部分鳥類都由人類
飼養，用作肉食。

……60%
是家畜

30%的鳥類
是野生的

70%的鳥類
都是由人類
飼養，包括雞

奇妙的動物

有些國家擁有一些特別奇妙的動物。非洲島國馬達加斯加是許多古怪而神奇的動物的家園：

指猴

這種狐猴擁有極長而獨特的中指。牠會利用中指從樹洞中把蟲子扯出來。

環尾狐猴

這種動物有毛茸茸的條紋尾巴，能當作旗幟。牠藉由將尾巴向空中高高豎起來幫助牠和同伴待在一起。

番茄蛙

這種鮮紅色的蛙類感受到威脅時，便會透過皮膚釋出有毒物質。

長頸鹿象鼻蟲

雄性長頸鹿象鼻蟲的脖子很長，用來對抗其他甲蟲。

31

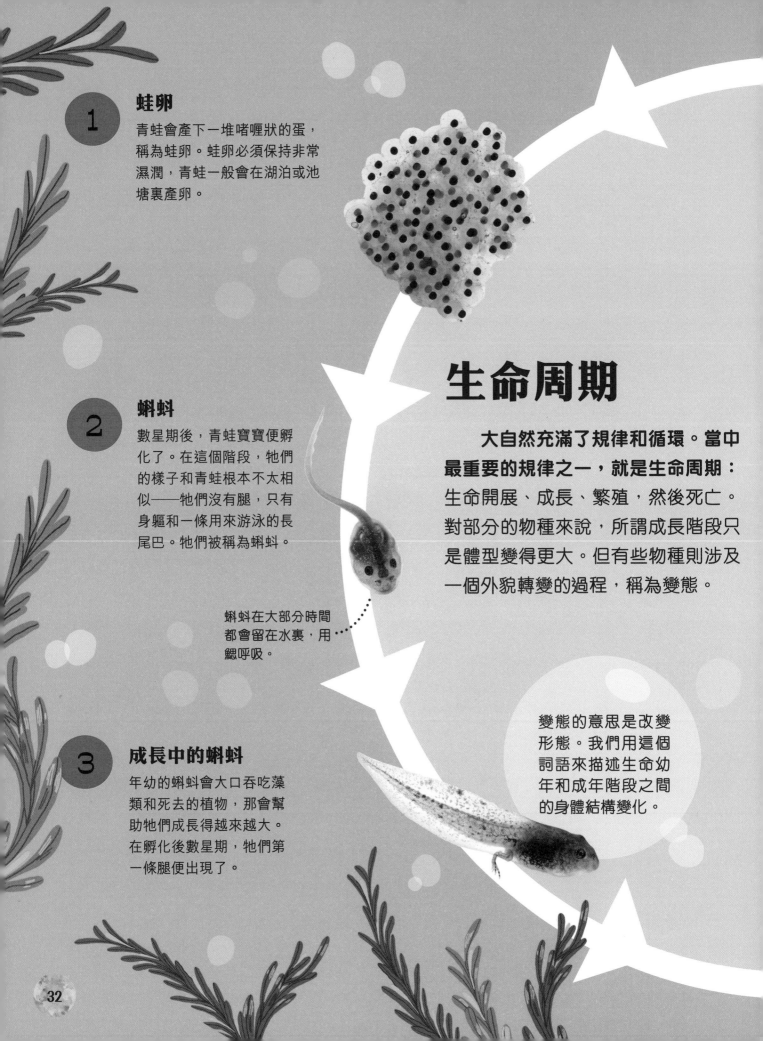

1 蛙卵

青蛙會產下一堆啫喱狀的蛋，稱為蛙卵。蛙卵必須保持非常濕潤，青蛙一般會在湖泊或池塘裏產卵。

2 蝌蚪

數星期後，青蛙寶寶便孵化了。在這個階段，牠們的樣子和青蛙根本不太相似——牠們沒有腿，只有身軀和一條用來游泳的長尾巴。牠們被稱為蝌蚪。

蝌蚪在大部分時間都會留在水裏，用鰓呼吸。

3 成長中的蝌蚪

年幼的蝌蚪會大口吞吃藻類和死去的植物，那會幫助牠們成長得越來越大。在孵化後數星期，牠們第一條腿便出現了。

生命周期

大自然充滿了規律和循環。當中最重要的規律之一，就是生命周期：生命開展、成長、繁殖，然後死亡。對部分的物種來說，所謂成長階段只是體型變得更大。但有些物種則涉及一個外貌轉變的過程，稱為變態。

變態的意思是改變形態。我們用這個詞語來描述生命幼年和成年階段之間的身體結構變化。

青蛙屬於一羣會分別在陸地和水裏生活的動物,稱為兩棲類動物。水螈、蠑螈和蟾蜍都是兩棲類動物。

交配任務

青蛙和蟾蜍常常會回到牠們孵化的地方來繁殖後代。有時候這段路程要橫過繁忙的道路。

在交配季節裏,由義工擔任的蟾蜍巡邏隊會保護遷徙中的兩棲類動物,讓牠們安全回到牠們的繁殖地點。

幼蛙會留在靠近水的地方,直至牠的尾巴消失。

6 繁殖時間

青蛙一般會在孵化後兩至三年後開始繁殖。牠們會在春天交配,然後產下蛙卵,讓生命周期再一次開始。

5 成蛙

當青蛙完全長大了,牠便能夠在陸地和水中度過一生。成蛙會以蒼蠅、蠕蟲和蚊子等為食物。

4 幼蛙

蝌蚪長出了牠的4條腿,並長出肺部來取代牠的鰓,讓牠能夠離開水中,到乾燥的陸地上冒險。這個階段稱為幼蛙。

無脊椎動物

無脊椎動物（或迷你動物）也許體型細小，但對於我們的星球而言，牠們擔當着重要角色。我們要好好關注並保護這些小小動物。

提供食物

數以千計的無脊椎動物會被鳥類、爬蟲類動物、兩棲類動物、小型哺乳類動物、魚類和其他無脊椎動物吃掉。

清理環境

迷你動物對食物毫不挑剔——事實上，牠們樂於進食許多我們覺得噁心的東西。糞便、動物屍體和植物的廢棄物都會出現在無脊椎動物的餐單上。

存在憂患

由於人類的行動，全球各地的昆蟲數量正急劇減少。如果我們不改變生活方式，昆蟲可能在2100年消失。

用殺蟲劑噴灑植物會同時殺死有用的和有害的迷你動物。

許多無脊椎動物在城市裏掙扎求存，因為城市裏的綠色植物有限。

許多無脊椎動物所進食的植物都被割去，以騰出空間作其他用途。

由於氣候變化，許多昆蟲都變得太早或太遲孵化。

全世界大約30%可吃的農作物都依靠蜜蜂授粉。

在許多地方，昆蟲被視為美味的零食。進食昆蟲是獲取蛋白質而不致對地球造成重大影響的好方法，而且被收集來食用的昆蟲並沒有絕種的危機。

改善土壤

如果土壤太硬太緊，水分和空氣便無法抵達植物的根部。有些能挖掘通道的無脊椎動物，例如螞蟻，牠們在地底下到處爬行時，能夠翻鬆土壤的顆粒。

授粉

我們依靠授粉昆蟲，例如蜜蜂、黃蜂、飛蛾、蝴蝶和甲蟲等來傳播花粉。這能幫助用作食材的植物和花朵繼續生長。

控制害蟲

有些捕食性的迷你動物會吃掉對人類或農作物有害的無脊椎動物。瓢蟲非常擅長對付蚜蟲，減少由蚜蟲造成的侵害。

救救地球

迷你動物能非常迅速地繁殖，因此如果我們作出一些正面的改變，牠們仍可能恢復過來。

在居所的戶外空間製作迷你動物酒店或昆蟲庇護所，能幫助牠們蓬勃增長。

種植對昆蟲有益的植物，它們能提供含有豐富能量的花蜜，作為昆蟲的食物。

在花園製作一個亂七八糟的角落，讓昆蟲可以建立居所——不要讓這個角落太整潔！

不要使用除蛞蝓藥。它們會危害狗隻、鳥類和刺蝟。

自然工程

河狸的牙齒是厲害的「鏈鋸」，牠們可以把樹木割斷，並以在河流上興建堤壩的能力聞名。這些堤壩有助創造濕地、為許多其他動物提供家園、捕捉空氣中的碳、減少洪水氾濫，並儲存水分，預防乾旱。

小小工程師

河狸有時被稱為「生態系統工程師」，因為牠們的行動會令牠們居住的棲息地大幅改變。牠們的堤壩是由樹枝、樹幹、泥土和植物建成，構造奇妙。除了能改變河流的流向，堤壩也能過濾河水，清除污染物、泥土和岩石。

改善土壤

河狸會橫跨快速流動的河流來興建堤壩，迫使河水以較慢的速度流動。

鐵質令河狸鮮橙色的牙齒變得非常堅硬。

河狸寬闊、扁平的尾巴和帶蹼的雙腳，有助牠在水中穿梭。

讓河狸回歸

許多地方的河狸都消失了，不過重新引入河狸的計劃正改變這種狀況。在蘇格蘭，河狸早於400多年前便因被人過度捕獵而絕跡，到2009年終於被重新引入當地。

河狸與人類

河狸曾經因為牠的皮毛和肉而被人捕獵。到了較近期，牠們則因為污染和棲息地消失而受害。幸好，人們開始明白到河狸有多重要，並好好尊重和對待牠們。

河狸是游泳好手一牠們能夠留在水底下長達15分鐘。

水流較緩和，意味着沙子與石塊會在河牀上積聚，令河牀變得更高。

河流變得更深更闊。在較慢的水流中，河狸能夠興建更大型、更穩固的堤壩。

在堤壩後方，河水會外泄到附近的地區，形成濕地。

都市動物

越來越多動物在我們的城市中建立家園。這可能是因為牠們被迫離開自然的棲息地，又或是因為牠們被城市提供的食物、藏身處和温暖所吸引。

生活在我們的城市裏

不論是大城市或是安靜的市郊，總會有些動物藏身在這城市的某處，以下的動物就是一些例子。

家蝠

大守宮

漏斗網蜘蛛

瓢蟲

雨燕
雨燕會在屋簷下築巢。

長尾獼猴
許多生活在城市裏的動物都愛躲藏，不過長尾獼猴就不同了，這些大膽的獼猴會直接從人類的手中搶去食物。

蝴蝶

黑脊鷗

浣熊

斑點鬣狗

黑熊

長鼻浣熊

食腐動物
有些動物樂於進食我們剩下的食物。這些靠我們丟棄的食物為生的動物被稱為食腐動物。

蟑螂

晚間時間

晚上當你躲在被窩裏時，城市裏的動物世界便開始活躍起來呢！

獵豹

東北刺蝟

棕夜鷺

水龍

水龍在澳洲城市悉尼是非常常見的動物。

爬蟲類動物

蛇和蜥蝪是經常可見的都市動物。牠們有的受行人路的溫暖所吸引，其他則躲藏在地下去水道裏。

網紋蟒

共享城市

儘管城市對野生動物的支援永遠比不上已被取代的棲息地，我們仍然有許多方法建立一個對動物更友善的城市。

在新加坡，冠斑犀鳥幾乎完全絕跡，因為牠們找不到可以築巢的地方。現在新加坡各處都裝設了築巢箱，供牠們居住。

在圍欄底部鑽出一個小洞，可讓刺蝟在尋找食物時在各個花園之間通過。

其中一個吸引新的野生動物來到城市的最佳方法，就是興建池塘。不論池塘有多大多小，它很快便會充滿生機。

大自然的循環再造者

禿鷲

螃蟹

糞蠅

馬陸

鬣狗

袋獾

海星

北美負鼠

真菌

海參

科莫多巨蜥

細菌

在大自然裏，沒有任何東西會浪費。動物和植物產生的一切東西都會由大自然的清潔團隊循環再造。我們全賴這些奇妙的生物來保持地球整齊清潔，同時釋放出珍貴的養分，好讓它們能再次被使用。

炮製大餐

保持地球清潔是一項重大任務,因此這些循環再造團隊的成員每一個都會擔任不同的角色,分工合作。

所有動物都會大便,因此如果沒有人負責清理糞便的工作,地球很快便會充滿了糞便。幸好,某些品種的甲蟲、蛆蟲和蒼蠅是食糞者,牠們會將糞便裏重要的養份分解,以便再次利用。

食腐動物會分解廢棄的東西,例如動物的屍體等,變成較細小的碎片。這些動物對飲食並不挑剔——牠們會吃掉所找到的任何肉類,如:螃蟹等食腐動物,這對於清潔海洋是非常重要的。

食碎屑動物負責吞吃死去的植物和動物腐化中的遺骸。蚯蚓、馬陸、糞蠅、潮蟲、海參和香蕉蛞蝓全都是食碎屑動物。

腐肉模仿者

有些植物和真菌會模仿腐肉的氣味。這種臭味會吸引昆蟲,然後昆蟲會為它們授粉。

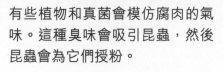

存在憂患

許多由人類產生的物料不能經由自然的過程分解。它們最終會污染土地、水源和空氣。

大花犀角

大王花

巨花魔芋

巨花魔芋,英文名稱Corpse flower源自它的花朵散發出腐爛肉類的惡臭,它們開花可能需要長達9年的時間。

救救地球

試試採用自然物料,它們能夠分解成養份,被植物和動物再次利用。

遷徙

有些動物一輩子都會停留在相同的地方，但有些動物會長途跋涉，以尋找食物或是養育下一代的地方。這些動物從一個地方大規模移動到另一個地方的過程，稱為遷徙。

動物大遷徙

動物常常會以龐大的數量遷徙，不過沒有沒有任何一種動物的遷徙規模比得上牛羚。每年，這種非同尋常的羚羊都會結集超過100萬頭同伴越過非洲大草原，在肯尼亞和坦桑尼亞之間展開危機重重的艱苦旅程，追隨降雨前進。牠們通常會有斑馬和瞪羚同行。

肯尼亞
8月至10月

維多利亞湖

7月

6月

11月至12月

塞倫蓋蒂

坦桑尼亞

4月至5月

獅子等捕食者會跟隨大遷徙的隊伍，捕捉年幼和虛弱的牛羚。

1月至3月

埃亞西湖

動物大遷徙是世界距離最長的陸上遷徙。

在大遷徙的開端，大約有50萬牛羚幼崽出生。如果牠們要跟上大隊，便必須立即學會走路。

聖誕島紅蟹

每年在聖誕島上都有數以百萬計的紅蟹從森林裏冒出，並遷徙至海洋裏產卵。蟹羣看起來就像一塊巨大的紅地氈沿路捲開來。

不幸的是，帝王斑蝶正面臨不斷變化的天氣環境，以及夏季與冬季棲息地流失等的威脅。

帝王斑蝶

每年秋天，帝王斑蝶都會從牠們位於美國北部和加拿大的夏季家園飛行4,800公里，前往位於加州和墨西哥的冬季棲息地。牠們會以體內的定向機能找到前進的方向。

演化

世界正持續變化，這意味着動物也在不斷改變。有時候，人類的活動會加速這些變化，因此動物必須有能力快速適應，以蓬勃繁殖，存活下來。

樺尺蠖的色彩變化，全因皮質層的基因編碼出現單一差異所導致的。

樺尺蠖

樺尺蠖一般色彩較淡，並有許多斑點——這讓牠們在樹木之間擁有天衣無縫的保護色。當顏色較深的樺尺蠖孵化時，牠們會被鳥類發現，在牠們把色彩基因傳給下一代之前，已經被吃掉了。在工業革命期間，樹木被煤灰變成黑色，因此淺色的樺尺蠖很容易被發現而成為獵物。而身體變得較深色的樺尺蠖便逐漸常見。

消除污染

大部分空氣污染都是從燃燒化石燃料而導致的。這會將微細的粒子釋放到空氣中，動物在呼吸時吸入粒子就會非常危險，包括人類。如果你需要外出，而路程不遠，你可以選擇步行或者踏單車，而不是乘搭汽車，讓你不會加劇空氣污染的問題。

在污染較少的地區，淺色的樺尺蠖仍然較為常見。

隨着時間流逝，最初對生物最有幫助的特徵便會逐漸褪去，而整個物種就會在演化。

演化

達爾文是來自19世紀的博物學家和生物學家。他注意到即使是同一物種，每個個體都有些微分別。他相信有些變化能讓動物有較大的機會生存，因此牠們能夠將牠們的基因傳遞給下一代。他將這過程稱為物競天擇的演化。

滅絕

在動物不斷演化的同時，牠們亦一直走向滅絕。這是生命與演化過程中自然又正常的一部分。在歷史上，有數個時期裏動物滅絕的速度比平常快得多。這些時期稱為大滅絕。

我們現時正身處第6次大滅絕之中，這是人類的行為方式所導致的。

從1500年起，已經有超過 **900種** 物種滅絕了……

……目前還有超過 **500種** 動物陷入滅絕邊緣。

重要的動物

植物、動物和其他生物都以複雜的方式互相依靠，彼此交流。正因為如此，每一種生物對於支持周邊其他生物存活都擁有不可或缺的角色。保護瀕臨絕種的物種有助保護所有物種。

絕處逢生

座頭鯨

座頭鯨的肉和脂肪被視為貴重的漁獲，因此在1960年代牠們被大量捕獵，幾乎完全絕跡。不過一項捕鯨禁令於1986年通過後，座頭鯨的數量便恢復過來，如今座頭鯨族羣差不多已回復至原本的規模。

加州神鷲經常被用於槍殺大型動物的鉛彈所毒害

加州神鷲

由於中毒、失去棲息地和被過度捕獵，野生的加州神鷲到1982年時僅餘下22隻。全賴圈養繁殖計劃，如今加州神鷲的數量已超過300隻。

保育行動自1993年以來已挽救了40種哺乳類動物和鳥類，以免牠們滅絕。

藍岩鬣蜥

這種巨大的蜥蜴來自加勒比地區的大開曼島，是其中一種最長壽的蜥蜴，能夠生存超過60年。2001年，野外只餘下大約30條藍岩鬣蜥，不過全賴大開曼島的保育計劃，如今野生藍岩鬣蜥已有超過1000條。

重新發現

巴勒斯坦油彩蛙

2011年，一隻巴勒斯坦油彩蛙在一片過度擴張的沼澤裏被公園管理員發現。10年前這種蛙曾被認為已經滅絕。

豪勳爵島竹節蟲

人們相信這些巨大的竹節蟲早於1918年滅絕，當時黑鼠被引入到島上。不過在2001年，有人發現了少量豪勳爵島竹節蟲。

4 頂級捕食者

這些動物一般是大型、敏捷、令人敬畏的捕獵者。儘管牠們位於食物鏈的頂端，牠們常常被人類殺死。

豹斑海豹

3 次級消費者

許多次級消費者會以浮游動物為食。牠們往往是小魚，可能會被較大的生物吞吃掉。

2 草食動物

這些動物只會吃植物。浮游動物和其他無脊椎動物佔這羣動物的一大部分。

儒艮

海膽

1 生產者

這些生物包括浮游植物、海草和海藻，它們會利用陽光自行製造食物，被稱為海洋的生產者。

餵養海洋

海洋充滿了生命。我們認識的海洋物種超過230,000種——即大量的生物需要餵食生存。海洋的食物鏈往往是互相連接的，意味着每一種植物和動物都為餵飽其他生物扮演部分角色。

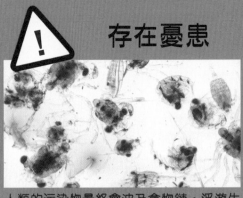

殺人鯨
（虎鯨）

藍鯨是歷來存活過的最大動物。雖然牠們體型龐大，日常飲食大部分是由像蝦的甲殼動物磷蝦組成。一尾藍鯨每天能夠吃掉多達4噸磷蝦——大約等於6隻牛的重量！

人類的污染物最終會波及食物鏈。浮游生物通常會率先進食這些有毒的化學物質，而這些物質會一直轉移，到達頂級捕食者的體內。

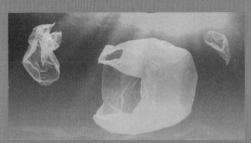

浮游動物

海龜

我們向海洋傾倒了太多塑膠，如今海洋的每個分層裏都能找到塑膠——即使是在海底深處的海溝亦然。

浮游生物

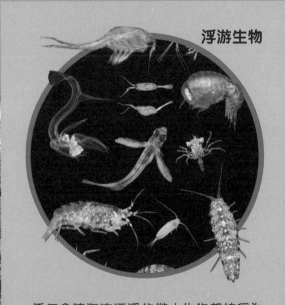

由於捕捉了太多體型最大、最健康的魚進食，人類令部分魚類品種幾乎不可能繁殖。這令頂級捕食者只餘下少量食物可吃。

救救地球

任何會隨海流漂浮的微小生物都被稱為浮游生物。浮游植物是指這羣生物當中的植物，而動物被稱為浮游動物，包括磷蝦，還有魚類和甲殼動物等較大動物的幼兒等。

藉由減少購買和丟棄的塑膠物品，你便能減少流入海洋的塑膠量。

如果你要吃魚，那就選擇一些可持續繁殖，並有限量地捕獲的品種。

珊瑚礁

珊瑚礁被稱為海洋中的雨林，當中充滿了生機蓬勃的海洋生物。儘管珊瑚礁只覆蓋了少於0.1%的海洋，它們卻能為海洋物種的25%提供居所與防護。

為什麼我們需要珊瑚礁？

除了讓數以千計的物種安居以外，珊瑚礁也能抓緊及穩定海牀，並保護海岸免受強力的海浪侵害。透過吸收及分散海浪的能量，珊瑚礁便成為了開放海洋與陸地之間的重要緩衝區。

……當中聚集了700種珊瑚……

珊瑚礁是超過4000種魚類的家園……

……還有數以千計其他品種的植物和動物。

科學家估計，總共有超過１００萬種植物和動物品種與珊瑚礁的生態系統有關。

珊瑚礁面臨的挑戰

珊瑚和藻類互相依賴彼此存活。當暴露在太多熱力、污染、空氣或陽光之下，珊瑚便會受壓，而珊瑚中色彩繽紛的藻類便會離開。珊瑚便因此而白化，變得非常脆弱。全世界有半數珊瑚礁已經遭受嚴重破壞。失去我們所有的珊瑚礁可能意味着全體海洋物種的四分之一將會消失。

珊瑚白化後需要很長時間才能恢復過來，因為它們一年只能生長大約2厘米。

雨林

雨林是超過300萬種不同物種的家園，它是
地球上生物最多樣化的生態系統。在許多動物
依靠雨林提供食物與保護的同時，雨林亦要依
靠生活在其中的動物。

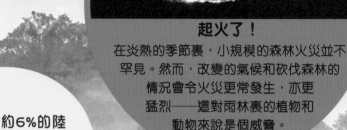

起火了！
在炎熱的季節裏，小規模的森林火災並不
罕見。然而，改變的氣候和砍伐森林的
情況會令火災更常發生，亦更
猛烈——這對雨林裏的植物和
動物來說是個威脅。

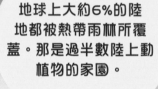

地球上大約6%的陸
地都被熱帶雨林所覆
蓋。那是過半數陸上動
植物的家園。

猯豬
外貌像豬一般的猯豬最喜愛的活動，莫過於在又涼
快又清爽的泥濘中打滾。牠們會在泥地中挖出深
坑，讓深坑盛滿雨水，並在全年保持濕潤，吸引魚
類、蛙類、蜻蜓和蛇。

非洲森林象
藉由用力踐踏年幼的植物，並挖起細小的灌木與樹
苗，非洲森林象能除去過多的雨林下層植物。這能
讓大樹生長得更茁壯，好讓它們能從大氣層中吸收
大量的碳。

存在憂患

雨林和生活在當地的
植物和動物都面臨許
多嚴峻的威脅：

偷獵者會殺害動物，以
出售牠們的身體部分，
或是偷走牠們的幼崽。

人類以令人憂慮的
速度砍伐樹木，以
獲取木材。

雨林被人類破壞，
以便開採雨林下方
珍貴的資源。

隨着越來越多人遷入雨林
居住或到訪雨林，動物面
對許多危機，例如被汽車
撞倒或是遭人捕獵。

華麗琴鳥

華麗琴鳥會透過抓刮森林地面上的泥土來尋找食物。這樣土壤的頂層便能翻鬆並充份混合，讓不斷挖洞的無脊椎動物和重要的營養素能夠抵達土壤更深處。

板根

在熱帶雨林中，最大量的養分通常積存在土壤頂部的淺層裏。雨林中的樹木常常長有名叫板根的巨大根部，板根位於地面上，在這裏它們能取得豐富的養份。

南方鶴鴕

南方鶴鴕最愛吞吃樹林中的果實。消化掉果實後，牠便會排出種子，這些種子會發芽長成新的植物。南方鶴鴕曾帶着超過200種不同的種子而聞名。

切葉蟻

儘管體型如此細小，切葉蟻能夠對周圍的環境產生重大的影響。透過將葉子從樹冠移除掉，切葉蟻能夠讓更多陽光照射到地面上，增加地面的溫度，並促進新的植物生長。

救救地球

購物前先想清楚，就是保護雨林的最佳方法。你最能幫上忙的行動，就是乾脆少買一些！

如果你需要購買全新的東西，想一想它來自哪裏，還有它對地球有什麼影響吧。

如果你要購買由樹木製造的產品，例如家具或紙張，試試選擇有森林管理委員會(FSC)標誌的產品吧。

盡可能嘗試購買二手物品代替全新的產品。

選擇循環再造卡紙板、紙巾和紙張。

高山

高山遍布地球上每一個角落——甚至在海洋底部！高山上的
生存環境可能極為嚴苛，因此能在高山的棲息地中存活的植物和
動物都有高度的適應力。

> 不斷上升的氣溫會讓
> 這些高山物種受到威脅，
> 因為這些物種已適應了在
> 寒冷、嚴酷的氣候裏
> 存活。

雪豹

這些巨大的貓科動物曾被人類捕獵至近乎絕種，如
今再因失去獵物和棲息地而再受威脅。牠們極易受
驚嚇，身上有保護色，令牠們在野外很難被人發現。

兔鼠

儘管外貌長得像兔子，但兔鼠其實與絨鼠關係更密
切。牠們會利用自己大大的後腿在岩石之間跳來跳
去，並以一層毛茸茸的厚毛皮來保持溫暖。

存在憂患

因氣候變化而導致高山物種失去
棲息地和獵物的同時，許多高山
上的野生生物亦因為到訪的人類
而面臨威脅：

嘗試登上珠穆朗瑪
峯的登山者平均會
製造8公斤垃圾。

許多高山物種，例
如麋鹿、綿羊和山
羊都被人類獵殺，
作為娛樂。

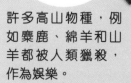

假如棲息地受破
壞，高山動物便
要在其他地區掙
扎求存。

高山熊蜂

高山熊蜂被發現可以在超過5,000米的高處盤旋。即使牠們能飛得更高,牠們只會飛到能讓牠們吸食的植物所生長的高度,否則牠們便會很易筋皮力盡。

啄羊鸚鵡

啄羊鸚鵡是罕有的高山鸚鵡,可在新西蘭的高山上發現牠們的蹤跡。牠們是非常膽大妄為的鳥——甚至有人曾發現牠們翻動遊客的袋子尋找寶物!

尼爾吉里塔爾羊

尼爾吉里塔爾羊身手敏捷,牠能夠矯健地攀越印度南部岩石嶙峋的山坡。牠們在20世紀曾近乎絕種,只餘下不足100頭,但有賴於保育行動,牠們的數量現在正逐漸增加。

山地大猩猩

山地大猩猩生活在遭戰爭摧殘的地區,因為人為因素而遭受極大的苦難。不過我們也有好消息:牠們的數量現今正在增加。

與生活在高山上的人攜手合作,就是保護這些珍貴棲息地的最好辦法。

救救地球

人們正努力減少人類對高山棲息地的衝擊,同時構思出一些聰明的方法來支援在那裏生活的動物:

在受保護的高山棲息地之間設立的野生動物通道,讓受威脅的高山物種安全而自由地活動。

攀爬珠穆朗瑪峯的登山者如果下山時帶着超過8公斤的垃圾,便能獲得獎賞

沙漠

沙漠是一個極端的環境，往往是熾熱又乾燥，而且土壤質素惡劣，令植物難以生長。在沙漠上居住的動物必須好好適應才能生存。

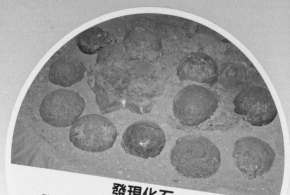

發現化石
許多奇妙的化石都曾在沙漠裏被發現，包括化石森林、恐龍骨骼，甚至恐龍的巢穴！

沙丘是大量鬆散的沙子在沙漠裏伸延，並被強而有力的風吹動。

盾蝦
沙漠並不會經常下雨，因此當沙漠裏的水池盛滿了水後，這些淡水蝦便必須迅速孵化及成熟，以在水源再次乾涸前完成牠們的生命循環。

沙魚蜥
這些沙漠蜥蜴是沙子的專家。牠們幾乎會一輩子埋在沙子裏，利用振動來捕捉牠們的獵物。牠們的身體完美無瑕地適應了在沙粒上爬行的動作，看起來就像在沙中游泳。

存在憂患

在全球各地，隨着土壤質素每下愈況，一些曾是綠草如茵的地區正迅速地變成沙漠。這被稱為沙漠化。雖然沙漠也是一種非常神奇的生態系統，但適應了森林棲息地的動物卻無法在沙漠的艱苦環境中生存。

當樹木被砍伐後，侵蝕便會加劇，因為樹木的根部無法再固定土壤。

當太多植物被家畜吃掉，土壤便更容易被水沖走。

隨着全球溫度上升，許多地方都正變得越來越乾旱。

跳囊鼠

聰明的跳囊鼠能夠在沙漠中存活，牠們能夠在食物中獲得所需要的水分。為了節省用水，牠們會產生高濃度的尿液，同時只有非常少的水分會透過皮膚流失。

佛州穴龜

這些穴龜會在沙子下挖掘很深的洞穴，以避開太陽的熱力。不過牠們並不是唯一使用這些洞穴的生物——超過100種不同的物種會在佛州穴龜的洞穴裏棲身。

巨柱仙人掌

能夠在墨西哥及美國的索諾蘭沙漠嚴酷的環境中存活下來的生物不多，巨柱仙人掌是其中少數。它的果實和種子餵養了許多鳥類，而它的肉質部分會被啄木鳥挖走，以便築巢。

蠍子

在沙漠裏能發現許多蠍子的蹤跡。牠們在白天最炎熱的時間裏一般會躲在涼快的洞穴中，並在晚上出來捕獵。牠們堅硬的外骨骼能保護牠們免受太陽的射線傷害，並阻止水分流失。

救救地球

大部分防止沙漠化的方法，都跟養飼動物及種植農作物有關。試試從負責任的農場購買農作物就是其中之一。

種植植物，因為植物的根部能夠將土壤固定，防止土壤被吹走或沖走。

減少在每片草地上放牧的動物數量，並改變放牧地點以讓土地能夠復原。

利用土壩、滴水灌溉和多運用天然濾石來減少浪費食水。

濕地

濕地就像一塊巨大的海綿，吸收大量的降雨，防止洪水氾濫，並吸引各種各樣美妙的動物。由於神奇的濕地裏儲存的水如此多，即使在乾旱時節，濕地仍能保持潮濕，在艱難的時間裏提供水和食物給野生動植物。

碳捕手

雖然濕地在整個地球的涵蓋面積並不高，但對動物和人類而言是十分重要的生態系統。濕地儲藏碳的能力令人難以置信：濕地估計保存了地球上超過三分之一的陸上碳儲藏。當濕地遭受干擾，便會向大氣層釋放出大量溫室氣體，因此保護濕地有助防止氣候變化加劇。北極濕地的土壤儲存大量溫室氣體，全球暖化會令凍土融化，大量溫室氣體可能被釋放，令氣候危機加劇。

酸沼地常常被破壞，以開採泥炭用作堆肥或燃料。

泥炭地儲存的碳，相當於世界上所有森林儲存的碳的兩倍。

草澤、林澤、酸沼、泥沼、河流、沖積平原、蘆原、湖泊、三角洲、河口、

鱷魚洞

在美國的大沼澤地國家公園，美洲短吻鱷會用腳和吻部挖出小水池，幫助牠們保持涼快。許多其他動物都受惠於這些小水池，包括魚、蛇、龜、昆蟲和鳥類。

當水中的氧氣水平較低時，福壽螺體內的通氣管能夠讓牠從水面上吸入新鮮空氣。

福壽螺

當南美洲潘塔納爾濕地的微生物將植物垃圾分解時，水中的氧氣水平便會急劇下跌。福壽螺會吞吃掉腐朽的植物，讓氧氣增加，其他動物也可能回來棲息。

存在憂患

儘管濕地如此重要，在過去300年間全世界有87%的濕地經已消失。

我們將數以千畝濕地的水排走，以獲取土地興建建築物。

全球80%的污水未經處理便排放到濕地中。

當外來物種被引入到濕地中，例如圖中這隻信號螯蝦，牠們可能對原生物種構成非常嚴重的破壞。

泥灘、紅樹林和珊瑚礁都是不同類別的濕地。

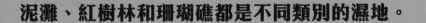

隱藏的地下世界

在地下的深處，埋藏了各種各樣奇妙的事物，包括金屬、礦物質和化石。數百年來，人類一直在開掘地面，搜尋珍貴的寶藏，而一路上我們也有一些特別的發現。

化石

化石給我們線索，讓我們了解地球在很久以前是什麼模樣的。它們有時候是被人意外發現的，但有些地方的化石十分常見，人們會特地前往那裏尋找化石。

化石燃料

石油、煤炭和天然氣都是化石燃料——那是指一些天然物質，可燃燒用來發電。燃燒化石燃料對環境有害，而我們的化石燃料儲藏不會永遠存在，因此我們必須使用更多可再生能源，例如太陽能和風力發電等作為替代。

煤炭

泥炭

泥炭是酸沼和泥炭地裏死去的植物分解而形成的。它對地球很重要，因為它儲存了大量的碳。人們會開採泥炭來燃燒，並用作花園的肥料。這些做法會釋放出泥炭儲存的碳，破壞酸沼地的棲息地，那兒是許多罕見動物和植物的家園。

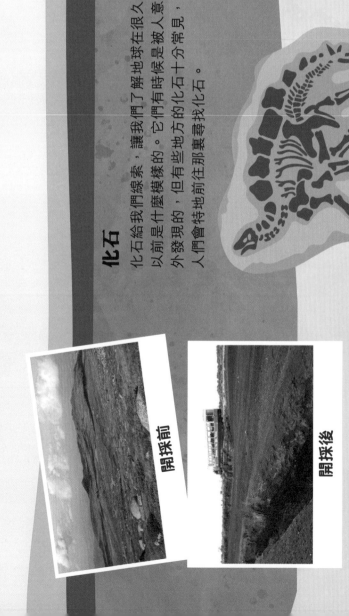

開採前

開採後

採礦

我們腳下的土壤和岩石是由大量不同的物質組成的。在某些地方，某些物質會特別多。當人發現了某個地區含有他們認為有價值的豐富物質，他們往往會開設採礦場來開採那種物質。這對生活在那些地方的植物和動物來說還害極深。

開採的礦物

銅
在智利和印尼可找到大型銅礦。銅可用於製造電線、喉管和機械部件。

鋁
即使鋁可以輕易循環再造，但大量鋁仍會被丟到堆填區。事實上堆填區裏滿是金屬，人們正考慮在那裏採礦。

金、銀和鑽石
這些物質全都是因為它們的外觀而被開採的。它們常被用於製作珠寶和品貴的商品。

危險的工作

有時在採礦場工作的人會因為接觸他們開採的物質而生病。

污染水源

採礦有時會產生有毒的廢物，可能污染本地的水道。這會危及依靠本地水道獲得食水的動物和人。

電子產品

許多我們開採的物質都是用於製造電子產品。不幸的是，人們在老舊的電子產品故障時不會修理好它們，反而常常會乾脆買新的產品。這意味著許多開採的物質會被浪費掉。

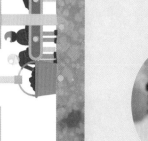

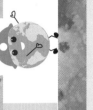

礦洞非常深，常常延伸至地面下許多公里。興建礦場是艱鉅的任務，需要大量專門的機器。

我們可以做什麼？

維修故障的電子產品。不要因為想要新產品而丟棄仍能運作的產品。

使用可再生能源，例如太陽能發電來取代化石燃料。

選擇不使用泥炭的肥料來照料花園和植物。

海冰

　　每年冬季，極地海洋裏有大量海水凍結，形成海冰。大部分海冰在夏季會再次融化，但有些海冰一整年裏都會維持凝固。許多動物依賴海冰才能存活，而海冰也能保持我們的地球涼快。

北極熊

大範圍、穩固的海冰對北極熊的生存至關重要。牠們會乘着海冰移動長距離，或是利用海冰休息，並建立巢穴。如果海冰縮小了，北極熊便較難捕獵，可能沒有足夠的能量來繁殖或餵養幼崽。如果我們失去了海冰，我們很可能也會失去北極熊。

保護層

海冰會在冰架（陸冰浮在海上的延伸部分）邊緣形成。這層冰能夠保護冰架免受強風與大浪侵蝕，並保持海冰下面的海水溫暖。

海豹

有數種海豹極少來到陸地上，包括豎琴海豹、斑海豹和環斑海豹等，因此牠們非常依賴海冰。牠們的寶寶會在海冰上出生，寶寶會留在海冰上，而牠的媽媽會在水面下捕獵。這些動物要適應沒有海冰的夏季將會吃盡苦頭。

獨角鯨

沒有了海冰的保護，獨角鯨便可能更易遭受虎鯨和人類捕獵。

反光器

白色的冰會比周邊顏色較深的水面反射更多的光和熱。這有助保持地球涼快。

海象

海象以進食來自海牀的蜆為生，會利用海冰作為潛水的跳台。牠們也會走遍海冰，尋找新的繁殖地點。如果海冰融化了，海象便要找出新的覓食方式，以求生存下去。

破解謎思

就像添加了冰塊的飲品，在冰塊融化後水不會滿溢出來，海冰融化時海平面也不會上升。

我們能夠藉由對抗氣候變化去拯救海冰。

冰藻

生長在海冰底部的藻類，對許多生活在海冰上面和下層的動物來說是不可或缺的食物來源。由於冰藻組成了這個生態系統的底層，許多捕獵者也需要依靠冰藻才能生存下去。

存在憂患

全因為氣候變化，海冰自1970年來已經開始融化。很快海冰便會徹底消失，最少每年會消失一部分。

沒有海冰的夏季對依靠海冰存活的動物來說可能是一場災難。

救救地球

試試作出這些簡單的改變，以減少氣候加劇變化：

當你離開房間時關上電器，以減少用電。

選擇步行或乘搭公共交通工具以減少溫室氣體排放。

請家長考慮轉用可再生的電力來源。

生機處處！

小朋友，你也可以建立小小
的自然角，以下是一些小提議：

綿毛水蘇

蜜蜂和其他以花蜜為
食的昆蟲，如果沒有停下來
吃一些富糖分的點心，便無
法飛得太遠。有豐富花蜜的
花朵能為牠們提供食物，幫
助牠們繼續旅程。

萬壽菊

用小碟盛載一些清
水，讓口渴的動物
有水可喝。

添加一些小樹枝，
好讓較細小的動物
能夠爬進爬出。

雪花蔓

每個角落都是好地方

創造一片野生花圃，你不需要用太多地方。小動物們都會喜愛你提供的大小角落。不論那是陽台、窗台還是小花盆。

利用舊水靴當作花盆

馬鞭草

三色堇

三葉草

選擇不含泥炭的肥料。

將陳舊和破損的杯子變成花盆。

保護你的花圃

要為你周邊的小動物開闢一個小小庇護所並不難。那只需要一些時間，並考慮一下牠們最喜歡的是什麼。

種植野花

選擇種植一些全年開花的野花組合，好讓飢餓的授粉動物永遠有花蜜可吃。

讓長春藤生長

長春藤能為鳥類和其他野生動物提供躲藏的地方。它的花朵和種子也是很好的食糧和花粉來源。

刺蝟藏身所

給刺蝟留下一堆落葉、樹枝或木頭吧！這些東西能形成讓刺蝟築巢、冬眠和搜索蟲子進食的完美地點。

大自然的日常奇跡

我們的世界是個繁忙又熱鬧的地方，因此有時我們會難以靜下來。其中一個放鬆的好方法，就是踏出戶外，深呼吸一下，然後欣賞你周邊的大自然世界。試試融入這個大自然吧！

花點時間擁抱大自然，能讓我們更平靜、更健康，而且更正面。

觀看日出

隨着太陽從地平線悄悄冒起，感受一下它的光線開始溫暖你的皮膚，並給你能量應付新的一天。

每個角落都是好地方

找一個安靜的角落望着太陽下降。欣賞它在天空上渲染的色彩。試試將你腦海中的憂慮清空。

看星星出現

在星星開始出現之際抬頭望向晚空。試想一想還有多少人正在凝望相同的星星呢？

與環境連結起來

去游泳

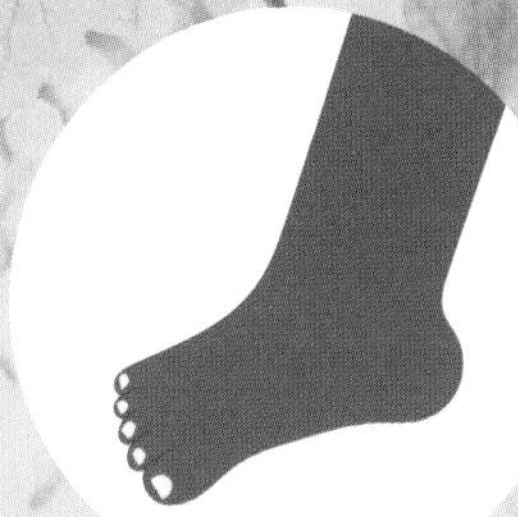

赤腳走路

坐在大樹下

聆聽鳥兒歌唱

鳥兒的叫聲已被證實能令人減壓，感覺更開心。留心聆聽快樂的鳥兒歌唱吧！尤其是在平靜的春日裏。

觀察天氣

你在雲朵之中能發現什麼圖案呢？從彩虹到雪花，大自然充滿了美麗的事物，讓你趣味盎然。

詞彙表

agriculture 農業
種植農作物及養飼動物，並作為食糧。

aurora 極光
在晚空中自然顯現的繽紛亮光，會在部分行星的北極及南極出現。

biodiversity 生物多樣性
指在一個地區裏植物和動物的種類多樣化。

carcass 屍體
動物死亡後留下的身體。

conservation 保育
指保護環境和動植物的生命。

dam 堤壩
一道屏障，用於阻隔水流。

decomposer 分解者
會將死去的物質分解，並產生養份的生物。

deforestation 砍伐森林
指砍倒樹木及破壞森林。

ecosystem 生態系統
由有生命的生物和沒有生命的環境——包括周圍的土壤、水和空氣等組成的社羣。

erosion 侵蝕
指水和天氣逐漸令岩石磨損。

evolution 演化
物種在許多世代之間的變化，旨在適應它們身處的環境。

fertilize 施肥
在土地或植物上潑灑天然或化學物質，以令植物茁壯生長。

fossil fuel 化石燃料
由數百萬年前死去的動物和植物形成的燃料，例如煤、石油和天然氣。

fruiting body 子實體
真菌產生孢子的部分。

galaxy 星系
恆星、氣體和塵埃所形成的巨大組合，由引力固定在一起。

genetic code 基因編碼
指基因內化學物質的排列方式。

germinate 發芽
指種子開始生長。

gravity 引力
一種看不見的力，會將物件拉向彼此。

greenhouse gas 溫室氣體
地球大氣層裏的氣體，會困住熱力，令地球溫暖。

invertebrate 無脊椎動物
沒有脊骨的動物。

land fill 堆填區
將垃圾埋在地下的地方。

livestock 牲畜
農場動物，例如牛和綿羊。

metamorphosis 變態
一些動物將自己由幼年形態轉化至成年形態的過程。

microbe 微生物
只能在顯微鏡下看見的生物。

migrate 遷徙
從一個國家或地區搬遷到另一個地方居住。

naturalist 博物學家
研究大自然的學者。

natural selection 物競天擇
指適應能力最好的生物能夠存活下來，並在繁殖時將它們的良好特質遺傳給下一代的過程。

orbit 軌道
物體因引力而圍繞另一物體旋轉時的路線，例如行星圍繞太陽移動的方式。

organism 生物
活着的東西。

ozone layer 臭氧層
地球大氣層裏的區域，能保護地球表面免受太陽的有害射線侵害。

poacher 偷獵者
非法獵殺或捕捉動物或魚類的人。

poultry 家禽
被人類飼養以獲得蛋、肉或羽毛的鳥類。

predator 捕獵者
會捕捉其他生物當作食物的動物。

regenerate 再生
指生物受損後重新生長。

renewable 可再生能源
一種永遠不會耗盡的能源，例如太陽能。

single-celled organism 單細胞生物
一種非常簡單的生物，僅由一個細胞組成。

sustainable 可持續
指能夠維持一段長時間的能源或物質。

中英對照索引

鳴謝

原出版社DK在此感謝

里圖拉吉·辛格（Rituraj Singh）負責搜集圖片，以及
蘇西·瑞（Susie Rae）負責索引部分。

The publisher would like to thank the following for their kind permission to reproduce their photographs:

(Key: a-above; b-below/bottom; c-centre; f-far; l-left; r-right; t-top)

123RF.com: alekss 38clb, anthonycz 12c, 44bl, aopsan / Natthawut Panyosaeng 41crb, Tim Hester 40c (centipede), Eric Isselee 18crb, Andrea Izzotti 53cl, Kittipong Jirasukhanont 9tl, jukurae 11tr, Piotr Krzeslak 65crb, madllen 25c, mhgallery 42bl, Dmytro Nikitin 52bc (truck), onairjiw / Sataporn Jiwjalaen 7crb, Ekaterina Pereverzeva 67cb, Peterz / Peter Zaharov 39bc, Isselee Eric Philippe 43cla, sonsedskaya / Yuliia Sonsedska 38crb, Thuansak Srilao 56br, swavo 49c, Thawat Tanhai 16-17 (butterfly x2), weenvector 16-17 (reed x4), Richard Whitcombe 11cra, PAN XUNBIN 40cl, zhudifeng 29tr; **Alamy Stock Photo:** Ashley Cooper pics 21tl, BIOSPHOTO / Adam Fletcher 30cb, blickwinkel / F. Hecker 55tl, blickwinkel / H. Bellmann / F. Hecker 23bl, Blue Planet Archive EDA 18-19 (background), Rick & Nora Bowers 27tl, Neil Bowman 39ca, David Tipling Photo Library 56tr, Chad Ehlers 8-9ca, Richard Ellis 59tl, Enlightened Images / Gary Crabbe 56cl, Barry Freeman 57tl, Tim Gainey 26c, Helmut Göthel Symbiosis 30bl, imageBROKER / Michaela Walch 37tr, Ivan Kuzmin 57cr, Emmanuel Lattes 23cla, Frans Lemmens 56cr, Buddy Mays 23cra, Minden Pictures / Sean Crane 27clb, Minden Pictures / Stephen Belcher 43t, William Mullins 57tr, Nature Photographers Ltd / Paul R. Sterry 49cb, Nature Picture Library / Jurgen Freund 28clb, Nature Picture Library / MYN / Tim Hunt 33ca, 33clb, Nature Picture Library / Will Burrard-Lucas 47clb, Brian Overcast 43cb, Roger Phillips 20cl, David Plummer 23crb, Lee Rentz 19c, REUTERS / NIR ELIAS 47crb, SuperStock / RGB Ventures / Rainbow / Skip Moody 30clb, Nick Upton 36bl; **Corbis:** Ocean 10bc (toilet); **Dorling Kindersley:** Jerry Young and Jerry Young 34 (pill woodlouse x2), 64bl, Cotswold Farm Park, Gloucestershire 30-31 (bagot goat x4), Dan Crisp 8-9 (meteor x4), Aleesha Nandhra 1 (beaver), 1 (bee), 2 (ladybird), 2 (spider), 2br, 3 (bee), 3 (roly poly), 6cra, 12-13c, 14 (bee), 19 (orange fishes), 20 (millipede), 20-21 (ants), 23cb, 24br, 25cl, 26 (sphinx moth x2), 29tl (Ceratocaryum argenteum seed), 29cl, 32-33 (seaweed and bubbles), 34 (bee), 35clb, 36-37 (beaver illustrations x 5), 41c, 58tr, 64 (ladybird), 64 (roly poly), 64 (spider), 65 (bee), 70-71 (seaweed and bubbles), 72 (beaver x4), 72 (bee x2), Natural History Museum, London 44cra, 45cra, 48crb, RHS Hampton Court Flower Show 2014 35bc (garden); **Dreamstime.com:** 3dsculptor / Konstantin Shaklein 9tc, Aksitayuk 53bc, Aopsan / Natthawut Punyosaeng 67tl, Natalia Bachkova 34cl, Nilanjan Bhattacharya 30fcr, Buriy 15cra, Ziga Camernik 34clb, Puntasit Choksawatdikorn 49c (zooplankton), Christineg 56-57 (background), Comzeal 34bc, Conchasdiver 18cb (sponge), California Condor 47tr, Neal Cooper 29tl, Costasz 13crb, Natalya Danko 61bc, Denboma 29cra, Djahan / Vladimir Ovchinnikov 61cr, Dlehman97 / Drew Lehman 65cr, Duki84 23cb (tractor), Dule964 2tl, 25r (oak leaves x4), Dutchscenery 11cr, Ecelop 61cl, Roman Egorov 8-9b (background), Ewanchesser / Callan Chesser 40clb, Iakov Filimonov 54br, Svetlana Foote 30cr, Freezingpictures / Jan Martin Will 63cra, Galinasavina 31crb, Gallinagomedia 38cl, Galuniki 6-72 (globe on page no.s), Stefan Hermans 13tr, Eric Isselee 31 (rove goat x3), 40crb, Isselee 30-31 (arles merino sheep x4), 30-31 (gottingen minipig x4), 30-31 (sheep x3), 31 (holstein cow x4), 31 (lamb x5), 32c, 32cb, 40ca, 40crb (komodo dragon), 58tr (dragonfly), 64tr, Iulianna Est 14crb, Izanbar

48c, Jackf / Iakov Filimonov 62cla, 69crb, Javarman 31cra, Jezper 9br, Jgade 33tl, 58br, Aleksandar Jocic 17cb, Jpsdk / Jens Stolt 38-39 (butterflies), 42-43 (monarch butterflies), Jan Kamenář 52cl, Elena Kazanskaya 40c, Kirati Kicharearn 8br, Kkaplin / Kira Kaplinski 41clb, Konart 47tl, Irina Kozhemyakina 40clb (opossum), Tetyana Ksyonz 46 (silhouette), Kurkul 52bc, Andrey Kuzmin 49cra, Lalalulustock 27tr, Muriel Lasure 30-31 (grazing cow x4), Libux77 6cb, 7bc, Anastasiia Lytvynenko 31 (piglet x3), Mark6138 / Mark Eaton 40cb (tomato), Christopher Meder 46 (background), Mille19 39cr, Duncan Noakes 41cla, Nostone 41cb, Pop Nukoonrat 67br, Okea 10bc, Sean Pavone 39crb, Petejw / Peter Wilson 52tr, Photka 49crb (bin), Photoeuphoria 49crb, Photographyfirm 41cra, Photomall 15cr, Photopips 53br, Pnwnature 35bc, Pawel Przybyszewski 41ca, Pxhidalgo / Pablo Hidalgo 23bc, 53cr, Richcareyzim / Richard Carey 48-49b (background), Rolmat / Rui Matos 8cb, Romrodinka 58-59 (background), Saaaaa 53tr, Darryn Schneider 62-63t (background), 68-69cb (background), Andrei Shupilo 34-35 (ants x6), Joe Sohm 54-55 (background), Bidouze St¥Ë_phane 52-53 (background), Stockr 17c, Subbotina 17crb (chickenn), Supertrooper 31 (dairy cow x3), Syaber / Vladyslav Siaber 15br, Jordan Tan 9cra, Trinijacobs 55cl, Sergey Uryadnikov 15tl, Usensam2007 / Roman Samokhin 30fcra, Vasiliy Vishnevskiy 67bl, Aleksandr Vorobev 34bc (buenos aires), Vvoevale 67tr, Imogen Warren 53tl, Dennis Van De Water 31br, Jolanta Wojcicka 18cb, Yocamon 52br, Zakalinka 65cra, Zanskar / Vladimir Melnik 63cla, Abeselom Zerit 54cl, Zniehf 58clb, Rudmer Zwerver 38cl (bat); **Fotolia:** apttone 61br, Eric Isselee 31bc, Olena Pantiukh 30-31cb (hen x7); **Getty Images:** EyeEm / Haryadi Bakri 27br, Moment Open / Chris Minihane 30bc, Thomas Roche 57cl; **Getty Images / iStock:** alisontoonphotographer 27cr, Robin Bouwmeester 22-23 (background), neil bowman 38ca, Rainer von Brandis 51cr, BrianAJackson 4-5 (background), 28-29 (background), 57bc, Marc Bruxelle 45tl, Roberto Campello 12clb, castigatio 20-21 (background), charliebishop 11br, cmturkmen 59cr, Gerald Corsi 55tr, danleap 30-31cb, deimagine 17tr, Iryna Dobytchina 35tc, E+ / hadynyah 55bc (woman), E+ / PeteWill 11ca, E+ / PictureLake 57br, E+ / ugurhan 16cl, E+ / ultramarinfoto 50b, eco2drew 49tc, Leonid Eremeychuk 16cb, estivillml 54cr, gene1988 14cb, GlobalP 39cla, Henrik_L 44c, 45c, Ian_Redding 29clb, 34cr, lechatnoir 53bc (girl), Lucilleb 55bc, MikeLane45 59crb, Muenz 34-35 (background), paule858 35cl, 35clb (ant nest), phototrip 39cra, Picsfive 3bl, piyaset 59cra, redmal 2-3c (background), 24-25c (background), ricardoreitmeyer 26-27 (background), RTimages 63crb, spawns 61cra, 63br, t_kimura 2-3cb (background), 24-25cb (background), TShum 16-17 (background), Utopia_88 28crb, Wim Verhagen 14clb, vlad61 51b, WLDavies 42-43 (background), yotrak 56bc, zampe238 55cr, zanskar 14-15, zlikovec 14cb (pine), Zocha_K 31cr; **NASA:** NASA Earth Observatory images by Joshua Stevens, using Landsat data from the U.S. Geological Survey 19cra; **Science Photo Library:** Louise Murray 63clb; **Shutterstock.com:** Cathy Withers-Clarke 52cr, PomInPerth 39c, Westend61 on Offset / Kiko Jimenez 50cra, Danny Ye 47br

Cover images: *Front*: **Dorling Kindersley:** Aleesha Nandhra b/ (bee, earthworm & centipede); **Dreamstime.com:** Jpsdk / Jens Stolt (butterflies)

All other images © Dorling Kindersley